頭の外へ飛び出す！

〜随想〜

数学じゃない

円周率

NAKAMACHI
Kōbun

仲町好文

文芸社

はじめに

これからお話しするのは、
数学以外からのアプローチで
「円周率」の不思議 (※) **を解明**する
という試みです。

（※）・割り切れない。
　　　・乱数（法則性が無く、予測が不可能な数列）である。
　　　・超越数（どんな方程式の解にもならない）である。

ところで、タイトルにある **「随想（ずいそう）」**って、何でしょう？
辞書にはこうあります。
『人生や社会の一断面について、心に浮かんだ着想をテーマに、
学問的な考察を加味してまとめた文章。』
（三省堂『新明解国語辞典』より）

ですから、これは、**「数学のレポート」ではない**ので、
数学関係者の方々におかれましては、
一笑に付していただけるとありがたいです。

タイトルにある通り、頭の中の世界から飛び出し、
頭の外の世界も巻き込んで、「円周率」に迫ります。

そのために、まず、
「この世界と人間のあらまし（概要）」について、

見ていくことにしましょう。

ただし、これは、あくまで、
「私の手の平サイズの世界」について、
述べたものです。

目次

（付表）共存性とは

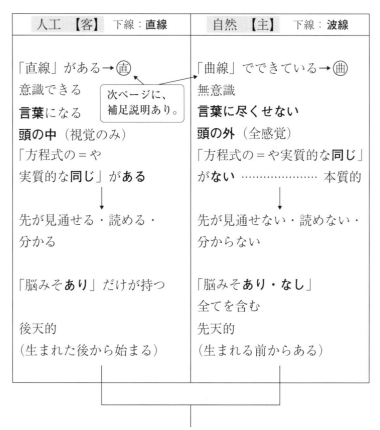

人工 【客】　下線：**直線**	自然 【主】　下線：**波線**
「直線」がある→㊀	「曲線」でできている→㊁
意識できる	無意識
言葉になる	**言葉に尽くせない**
頭の中（視覚のみ）	**頭の外**（全感覚）
「方程式の＝や 実質的な**同じ**」が**ある**	「方程式の＝や実質的な**同じ**」 が**ない** …………… 本質的
↓	↓
先が見通せる・読める・ 分かる	先が見通せない・読めない・ 分からない
「脳みそ**あり**」だけが持つ	「脳みそ**あり・なし**」 全てを含む
後天的 （生まれた後から始まる）	先天的 （生まれる前からある）

次ページに、補足説明あり。

つねに**両立**（優劣・上下は無い）

循環（切り離されない・固定されない）◯ 循環マーク

↓

共存性

8

（補足）

自然はすべて、「**曲線**」でできている。

→観察すれば、どこまで行ってもゆがみのない完 $\overset{\bullet\bullet\bullet}{全}$ な「直線」
　などないことは、一目瞭然である。

（例）たとえ、光のように直進してきているものでも、その正
　　　体は「波」であり、「曲線」である。

ゆえに、「**直線**」は**人工**物であり、「実用 $\overset{\bullet\bullet\bullet\bullet\bullet}{の範囲内}$ 」にのみ存在
する。

〔第1章〕

私の
「世界と人間の
あらまし」

―「共存性」について―

§1　きっかけ

ある時、現代社会の「知の巨人」といわれる解剖学者、養老孟司氏の『かげがえのないもの』（白日社）を読んだ。そのあとがきに、『世界や人間の見方って、どんな見方か、ちょっと出してみてよ。』という一節があった。
本書は、その問いかけに対し、私なりに「答える」ことを目的に書き始めたものである。

同じ頃、テレビで、「円周率」の番組を見た。
当時、円周率の世界一の桁数をパソコンでたたき出していたのは、日本人だった。
彼は、こんなことを言ったのだ。
「割り切れたって、もし誰かが証明して言われたら、やめる」

漠然と、違和感を覚えた。
のちに、この感覚が、私が自分なりの「答え」を導く上で、大きな役割を果たすことになる。

頭の中のイメージに頼ると、
「主客転倒（しゅかくてんとう）」（P. 16 §3）を起こす。
古代の「お盆型の地球（地球平面説）」のように。

だから、頭の中のイメージを極めるのではなく、
頭の外にも目を向けて、いろいろな事象を集めて並べ、
そこから結果を導くようにした。

§2 表の見方

P.8の、付表をご覧いただきたい。
（文中での、下線：<u>直線</u>と下線：波線、⑪と⑭は、この表に従っている。）

<u>頭の中</u>は、脳の意識の範囲、
<u>頭の外</u>は、脳の無意識の範囲や、からだも含まれる。外界のすべて。
意識は脳の約10％。無意識は約90％。

「＝（イコール）」（つり合っているイコール。方程式の「＝」。
言葉にすると、「ああすれば、こうなる」）や、
「実質的な、同じ※」があるのは、<u>直線</u>がある<u>頭の中</u>、
つまり、「<u>人工（実用）の範囲</u>」に限られる。

※ （例）**0.99999…＝1**

   0.99999…と1の間に**隙間はない**、という考え方。
   0.11111…＝1/9　の両辺に、9を掛ければ証明できるが、数学では**公理**と呼ばれ、「**証明する必要がない程の大前提**」とされる。

   こうした、現代の収束する無限（先に行くに従って、限りなくある数に近づいていく）は、【一元】的（0.99999…と1は、一つの物）であり、【多様】的（0.9999…≠1→0.9999…と1は別個の物）なギリシャ数学から**循環**してきたものだと思う。

13

後で述べる「共存性」の例の、「一元」と「多様」の両立と循環（P. 25）と、それに付随した**考察**（P. 52）を読んだ際に、参照してほしい。

しかし私には、0.9999…と1の間の隙間が細かくなっていくのに合わせて、人間が、現在の大きさから、どんどん小さな存在になっていけば、目の前には、隙間が存在するように思えてしまう。

でも隙間があっては、高校で「数学Ⅲ」を習うときに支障が出るらしい。

現役から35年のブランク＋文系の私には、何のことか分からない…。

P. 18で詳細を述べるが、
「**共存性**（人工と自然の共存）」によって、
人間の知覚には「目立つ」ところと
「目立たない」ところが存在する。
もし、人間が、「自然物」を知覚したならば、
「目立つ」隙間はないけれど、
実は、隙間がないのではなく、**「目立たない」隙間があるのだ**と思う。
例）光学顕微鏡では隙間がないように見えても、
　さらに細かい電子顕微鏡で見ると、「目立たない」
　隙間（それまでは、目立たなかったので、認識できなかった隙間）が見える。

でも数学は、すべてが頭の中（人工）の世界なので、

「自然物」に対する知覚とは異なるのだろう。

「直線」がある意識（P.8 付表）において、数直線（人工物）は、完全に把握できるものと考えられる。だから、「実数（数直線上の点と一対一に対応）は**隙間なく**詰まって存在している」ことが、認められるのだと思う。

そこから、次のような考え方が生み出されたのだと、私は考えた。

・無限に膨らんだ正多角形は、実質的には円と同じ。
　（←円周率で使う）

・円をずっと小さくしていけば、直径は実質的にはゼロと同じ。

以上から、「実質的な、同じ」とは、
人間の、頭の中の視覚※に合わせ、「同じ」だと見なして話を進める、ということなのだと思う。
※P.40～〈コラム〉自由自在な頭の中の視覚
　　～「見なし」による「円周率」の誕生～参照

人間は、上記の「＝」や「実質的な、同じ」のある人工の世界と、一つとして「＝」や「実質的な、同じ」がない自然の世界の、両方を知覚して生きている。

だが、人工の中の「＝」や「実質的な、同じ」を極めていけば、いつか、それらのない自然さえも、人間の力で解明できるというのは、自然を軽視する、現代人のおごりだと思う。

付表にあるように、人工と自然は、両立し循環（常に、固定されていない）している。

もし、人工の方のみを極めていけばきっと、
人工と自然のバランスを著しく欠いて、
バランスを是正しなければならなくなるはずだ。
（P.30 動的平衡（どうてきへいこう） 参照）

福島の原発事故や、環境破壊からくる気候変動のように、
自然を軽んずると、代償を払うことになる。
このことについては、次節：主客転倒（しゅかくてんとう）にて詳細を述べてみたい。

§3 「主客転倒（しゅかくてんとう）」について

この世界では、P.8の付表にあるように、
自然（からだ・外界）が【主】で、人工（あたま・意識）は【客】である。
だが、現代人は"頭でっかち"で、【主】と【客】があべこべになっている。

ここで肝心なのは、「【主】が偉くて【客】はそれよりも下ということではない」、という点だ。
茶道でも、「主人」は「客」に対し深い愛情を持ち、敬い慈しむべき存在として接している。

現代の「主客転倒」とは、
【主】と【客】それぞれが分をもって活かされるべきなのに、
そのバランスが崩れていてできない、という状態を指す。

人類の祖先は、脳も心臓もなく、ただ消化管（腸）と、それに付随する神経細胞のみの生命体だった。

進化した現在においても、腸は、自らが考え、行動する。

脳の神経細胞は、もともと、この腸から生まれたもので、いわば、「**腸は脳の親**」なのだという。

（NHK「"腸"は脳さえも支配する？」『ヒューマニエンス　40億年のたくらみ』NHK、2020年10月15日放送より）

昔の人々は、無意識にこの事実に気づいていたのかもしれない。

「感覚（からだ）は欺かない。判断（あたま）が欺くのだ。」と、ドイツの文豪ゲーテが述べているように。

§4 「共存性」——私たちが知覚する世界

はじめにヒントをくれたのは、

山田耕筰氏（明治〜昭和の著名な作曲家）のケースだった。

氏は、次のように友人に語ったという。

$$1 \quad + \quad 1 \quad = \quad 1$$

$$\left[\begin{array}{c}\text{それまでの}\\\text{日本の音楽}\end{array}\right] \quad \left[\begin{array}{c}\text{新しく入ってきた}\\\text{西洋の音楽}\end{array}\right] \quad \left[\begin{array}{c}\text{新しい}\\\text{日本の唱歌}\end{array}\right]$$

これは、単なる西洋の猿真似ではなく、
「全く違うもの同士を融合させて、新たな価値を生み出す」
ということであったと思う。

この数式のような物が、私に、ある着想をもたらした。
それが、これから述べる「共存性」という考え方だ。

◆「共存性」とは
ふたたび、P.8の付表を参照してほしい。
頭の中の、先が見通せる・読める・分かる世界と、
頭の外の、先が見通せない・読めない・分からない世界は、
常に、**共存**している。

又、こうも言える。
人工の、直線がある世界（以後 ⑩）と、
自然の、曲線でできている世界（以後 ⑪）は、
常に、**共存**している。

◆ 3つの、性質のフラクタル
フラクタルとは、図形の「全体」と「部分」が、相似（拡大・
縮小して重ね合わせた時一致する）になっているもの。
身近な例として、ロマネスコ・ブロッコリーの形状などがある。

「共存性」によって、私たちが知覚する世界すべて（頭の中を
除く）に、次の3つの性質が備わっている。

（1）　「**目立つ**」ところと「**目立たない**」ところがある。

（例）　見える————　見えない

見えなくても、何もないわけではない。

目立たないだけ。（人間には不可視）

（2）　一つとして「**同じ**」がない。

無常、無限の多様性——『方丈記』の冒頭で表されているように。

厳密に「同じ」があるためには、現在（いま）以外も見通せる・読める・分かる必要がある。

だから、直線的な頭の中にだけ、例外的に「同じ」がある。

現実には、一つとして「同じ」が知覚できないからこそ、現在（いま）があるのだが…。

（3）　**循環性**

循環性により、**人工㊉と自然㊙は組み合わさり、共存**している。

§5　「3つの、性質のフラクタル」の 式 と 図

前述（1）〜（3）を式にすると、こうなる。

◆「共存性」の式

1 …**固有性**を表す。個数の「1」とは違う。

◌ …**循環性**（くり返す）を表す。「＝（イコール）」とは違う。

（1）（例）左辺「目立たない」魚1匹ずつ
　　　　　右辺「目立つ」魚群

　　　　　左右逆のケースもあり。

　　　　　　　　　　　（吉本隆明氏『沈黙言語論』より）
　　　　　左辺「目立つ」表出部（言葉）
　　　　　右辺「目立たない」深層部（沈黙）

（2）　どこで区切っても固有性を表し、「同じ」がない。

（3）　◌ 循環性により、切り離されず、常に同じ状態にない。
　　　上記「分離」◌「融合」を、⓪と⌒の結びつきと捉
　　　えるといろいろなパターンがある。それについては、後
　　　で述べる。

前述（1）〜（3）を図にすると、こうなる。

◆「共存性」の図
中詰まり（無限の入れ子状態）の
円（球）類。

（1）　この図を見ている読者の「意識・視覚直」と、
　　　「この図─現実曲」が組み合わさってできる。
　　　（例）「目立つ」図と「目立たない」余白。

（2）　一つとして「同じ」大きさの入れ子はない。
（3）　円（球）類であること。

この先この随想で、
この図が引き合いに出されることはないが、
円（または球）が、「共存性」の図として、
この世界と人間のありようを表す点に、留意したい。

人間が、円や球に特別に惹かれた理由は、
実はそんな所にあるのかもしれないと、
私は思う。

§6　日本における、「共存性」
　　　　　　（3つの、性質のフラクタル）の実例集

◆ **十七条の憲法**（飛鳥時代、厩戸皇子による）
　殺し合うほど仲の悪い者同士が、
　外圧などの必要上、
　ある局面では一つにまとまること。

　これが真の、「和を以て貴しとなす」の
　意味するところである。
　再び状況が変われば、
　その関係も、変化し得る。

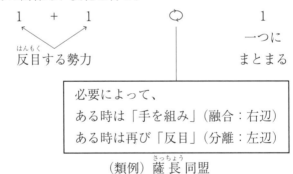

$$1 \quad + \quad 1 \qquad\qquad \bigcirc \qquad\qquad 1$$

　　　　　　　　　　　　　　　　　　　　　　　　一つに
　　反目する勢力　　　　　　　　　　　　　　まとまる

> 必要によって、
> ある時は「手を組み」（融合：右辺）
> ある時は再び「反目」（分離：左辺）

　　　　　　　　　　（類例）薩長同盟

なお、上記の現象を説明するものとして、
次のようなことが考えられる。

◇ 背中合わせのお隣さん（1）

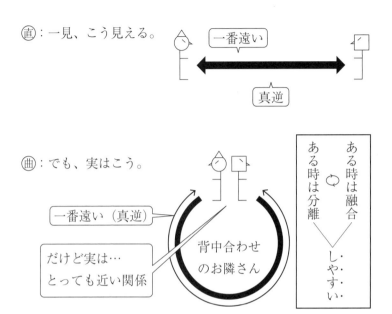

◇ 背中合わせのお隣さん（2）

人間が、直化（人工的すぎる、頭でっかち）して、自然曲と融合しづらくなり、直と曲のギャップによる違和感（ストレス）を抱えた時、

曲（脳みそ・視覚のない）の、「植物」や「クラゲ」に癒されるのは、直と曲が、**真逆でありながら、「背中合わせのお隣さん」の関係にある**せいで、起きるのかもしれない。

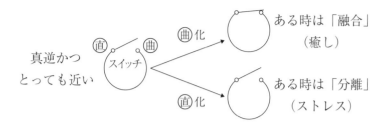

真逆かつ
とっても近い

「曲」化 → ある時は「融合」
（癒し）

「直」化 → ある時は「分離」
（ストレス）

◆ 穴太衆（あのうしゅう）（石垣づくりのプロ集団）の石垣
自然のままの石を、加工せずに大小組み合わせてそれぞれがピタッと収まる所において、組むやり方。

1 + 1 + ……………… + 1 ⟲ 1

1個1個違う、自然石　　　　　　　　　石垣

特徴：自然な隙間があるため排水性が高く、頑丈（がんじょう）。
現代の高速道路建設にも、この技術が活かされている。

◆ おせち料理
一個ずつを取り出すと、それぞれ全く「別物」でありながら、
全体の「統一性」も崩さぬようになっている。
（食べ合わせても、美味しい。）

1 + 1 + ……………… + 1 ⟲ 1

別々の料理　　　　　　　　全体の「統一性」

◆「一元」と「多様」の両立と循環

```
      ┌──→ ある時は分離（直化）
  一元  1  ⟲  1  +  …………………  +  1  （多様）
      └──→ ある時は融合（曲化）
```

常に、同じ状態にない。
── 一つとして「同じ」がない。

〔3つの、性質のフラクタル（2）〕

直化と曲化については、

P. 23 背中合わせのお隣さん（2）参照

「一元」即ち（だからこそ）「多様」（が成り立ち）
「多様」即ち（だからこそ）「一元」（も、また保証される）

「一元」と「多様」、
「真逆」かつ「とっても近い」関係。

（例1）『般若心経』

色…あること：意識できる直【多様】
空…ないこと：意識できない、無意識曲【一元】
色即是空（あることはないこと）
空即是色（ないことはあること）

25

（例2）『沈黙言語論』吉本隆明 氏

　　　言語の根幹は「沈黙」：自然㊢【一元】であり、
　　　そこから表出したものが「言葉」：人工㊣【多様】。

　　上記2例は、たまたま、㊣→【多様】㊢→【一元】で統一
　　されているが、
　　実は【一元】と【多様】は、㊣と㊢を行き来（循環）する。
　　　　　　　　　　　　　　　　　　　　（P.52 考察 参照）
　　ここにも、**万物 循環** ⟲ の、**性質のフラクタル**（P.19）
　　が見られる。

（例3）宇宙のこと

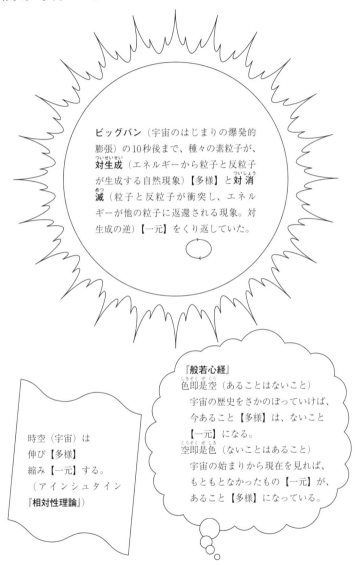

ビッグバン（宇宙のはじまりの爆発的膨張）の10秒後まで、種々の素粒子が、**対生成**（エネルギーから粒子と反粒子が生成する自然現象）【多様】と**対消滅**（粒子と反粒子が衝突し、エネルギーが他の粒子に返還される現象。対生成の逆）【一元】をくり返していた。

時空（宇宙）は
伸び【多様】
縮み【一元】する。
（アインシュタイン
『相対性理論』）

『般若心経』
色即是空（あることはないこと）
　宇宙の歴史をさかのぼっていけば、
　今あること【多様】は、ないこと
　【一元】になる。
空即是色（ないことはあること）
　宇宙の始まりから現在を見れば、
　もともとなかったもの【一元】が、
　あること【多様】になっている。

『宇宙のこと』を表にすると次のようになる。

	1 　　　　↺　　　　1＋1＋…＋1	
	【一元】 （ある時は「融合」）	【多様】 （ある時は「分離」）
ビッグバン	素粒子が対消滅	素粒子が対生成
般若心経	空（ない）	色（ある）
相対性理論	時空が縮む	時空が伸びる

（くり返す）

◆ 免疫寛容（多田富雄氏）
めんえきかんよう

免疫寛容とは、特定の抗原に対する免疫応答が抑制、または欠如している免疫のしくみである。

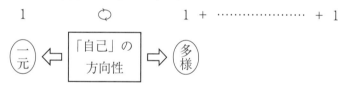

すなわち、「**自己**」というものが、常に一定の物ではなく、ある時は、「【**一元**】的（ウイルスと**融合**）」になったり、またある時は、「【**多様**】的（ウイルスと**分離**）」になったりする、という発見のこと。

（例）　肝炎ウイルスの場合、**自己**が「ウイルスと**融合**」を選択すれば、今は何も起こらないが、10年後に肝臓がんになる。逆に「ウイルスと**分離**」を選択すれば、免疫作用で劇症肝炎になり、短期間の間に命の危機にさらされる。

このように、「自己」は固定されず、**伸び縮み**する。
前述の『**相対性理論**』は、**時空について同様のこと**を言っているので、「**自己**」というものも、「**時空の一部**」と見てよいのかもしれない。

〔**類例**〕りんごの問題

古代ギリシャの、哲学者プラトンの生きていた頃からの問題として、下記のようなものがある。

りんごを「右手」に持って鏡と向き合った時、

鏡の中の人物は
「右手」にりんごを持っている。
「左手」にりんごを持っている。
と思う人に分かれるのは、なぜ？

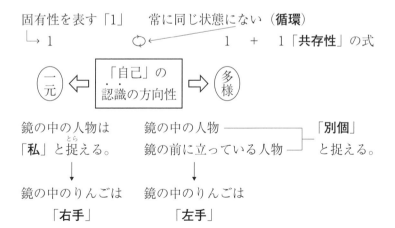

固有性を表す「1」　　常に同じ状態にない（**循環**）

└→ 1　　　　　○↩　　　　　1　＋　1「**共存性**」の式

二元　⇐　「自己」の認識の方向性　⇒　多様

鏡の中の人物は　　　　鏡の中の人物 ──────┐「**別個**」
「**私**」と捉える。　　鏡の前に立っている人物 ─┘と捉える。

↓　　　　　　　　　　↓

鏡の中のりんごは　　　鏡の中のりんごは
「右手」　　　　　　**「左手」**

◆ 動的平衡（福岡伸一氏）

（1） 『方丈記』より

「ゆく河の流れは絶えずして（左辺：一元）

しかも元の水にあらず（右辺：多様）」

―――1　○　1+ ……………… ＋1

または、絶えず「分離」（右辺）と「融合」（左辺）を

くり返し、

○

↓

「無限の多様性」が生まれている、とも解釈できる。

＋

（2） しかも、あるバランス（平衡）を保っている。

―――1　○　1+ ……………… ＋1

（1）と同時に、「バランス」も生まれるのは、

例えば、

「必要」（左辺）と「欲（あれもこれも）」（右辺）に、

くり返し 手を出すうちに、自然と「ほどほど」が分

かってくることに類するのでは？

―――――――――――――――――――――――――――

その他にも、「バランス」には、

循環性 ○ が関わっている。

○360度の**周囲性**　バランス

○私たちは、**循環性**により、
　周囲と決して切り離されないため、
　全体の統一性を壊さない等、
　「周囲を気にする性質」（**協調性**）　バランス
　が生まれる。

（余録）　**元始げんし「1」の存在**————共存性の式より

$$1+\quad\cdots\cdots\cdots\cdots\quad+1\quad \bigcirc\quad 1$$

この式の、どこを取り出しても、
固有性を有する。

仮に、右辺を、
元始「1」（最初の【一元】）と見るならば、
「この世界は、元始「1」という大枠（右辺）の中で、
無限の多様性（左辺）を、やりくりしている。」
と見ることができる。

このことは、前ページの「動的平衡」と関係があると思う。
あたかも「収支のバランス」のようになっているのではあるま
いか？

「3つの、性質の フラクタル」考

ここで、「第1章 §4 「共存性(きょうぞんせい)」——私たちが知覚(ちかく)する世界」で述べた「3つの、性質のフラクタル」(P. 18) について、掘り下げて考えていきたい。

（1）「目立つ」ところと「目立たない」ところがある

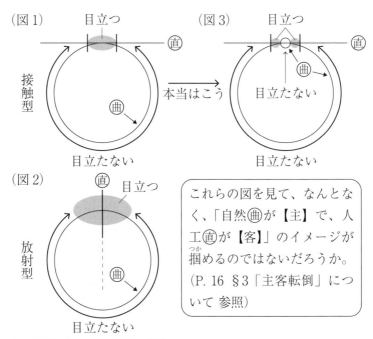

（図1）　目立つ　（図3）　目立つ

接触型

本当はこう

目立たない　目立たない

（図2）　直　目立つ

放射型

曲

目立たない

これらの図を見て、なんとなく、「自然曲が【主】で、人工直が【客】」のイメージが掴(つか)めるのではないだろうか。(P. 16 §3「主客転倒」について 参照)

※（図3）について補足説明

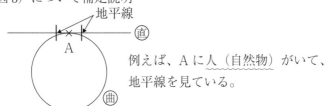

地平線

直

例えば、A に人（自然物）がいて、地平線を見ている。

34

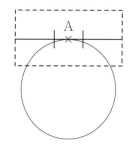

点線部を拡大すると…

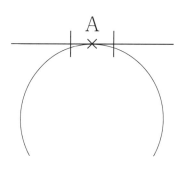

従来、A の内側は、詰まっていて（埋まっていて）、その中心には、質量のない点のみが存在するとされてきたが、これもあくまで頭の中のイメージである。

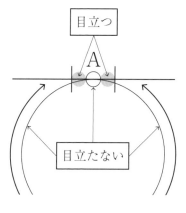

Aの内側も、外側同様、自然（人体の中）曲を、意識直で扱っているのだから、同じように、「目立つ」エリア（先が見通せる・読める・分かる）「目立たない」エリア（先が見通せない・読めない・分からない）が存在するはずである。

（2）一つとして「同じ」がない

（図1）「空間」のズレ

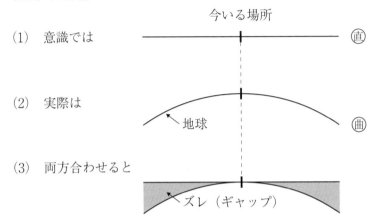

（図2）「時間」のズレ

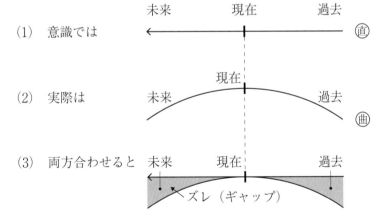

（図3）

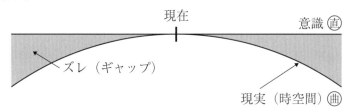

※現在以外の現実（時空間）㊙は、捉(とら)えきれ̇ない̇。

───────────────────────────────

◎意識（人工）㊐のみ̇において、

現在以外も ― ┌ 見通せる
　　　　　　 │ 読める ―― だから ――→ 「同じ」がある。
　　　　　　 └ 分かる

◎現実（自然）㊙は、

現在以外が ― ┌ 見通せない
　　　　　　 │ 読めない ―― だから ――→ 一つとして「同じ」がない。
　　　　　　 └ 分からない

37

（3）循環性

「循環性」によって、組み合わさった直と曲による
「不離（切り離されない）」の関係が生まれる。
（例）　○現実曲と意識直が切り離されない。
　　　　○心直身曲一如（しんしんいちにょ…精神と身体は一
　　　　体であって、分けることはできず、一つのものの両面に
　　　　すぎないという、曹洞宗開祖道元の教え）

だから、心（あたま）と身（からだ）に、どちらが上でど
ちらが下かなどない。
　　　　　　（P. 16 §3「主客転倒」について 参照）

（図1）　波

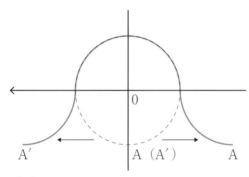

循環性を、連続して表すものとして、「波」が生まれる。
「波」は移相するので、
一つとして「同じ」がない。
また、循環性　がある。

このように見てくると、
「目立つ」のはほんの一部で、「目立たない」ところがたくさん
あったり、現在（いま）という時空以外は、「見通せない、読
めない、分からない」だったりすることが分かるだろう。

私は、不安になる。「自然って、怖い…。」
これこそが、昔の人々が「自然」に対して抱いていた、
「畏怖・畏敬の念」なのだろうか？

しかし、そんな時、私は夜の山や街を歩く「闇歩きガイド」を
している、中野 純さんの言葉に救われた。
「いいんじゃないですか。**大体でいいですよ。**」

〈コラム〉自由自在な、頭の中の視覚
　　　　～「見なし」による「円周率」の誕生～

多くの読者は、ふだん次のようにイメージしているのではない
だろうか？

点 $\xleftrightarrow[\text{還元（分離）}]{\text{発展（融合）}}$ 線 $\xleftrightarrow[\text{還元（分離）}]{\text{発展（融合）}}$ 面 …①

上記の関係性は、

頭の中：可能

> P. 13-15「実質的な、同じ」の類例である。
> つまり、頭の中の視覚あり
> 　　　　　　　→そうだと見なして話を進める。

頭の外：不可能

> 「点・線・面」は、すべて別個のものとして存在す
> る。
> 　　　　　　　（P. 36　一つとして同じがない）
> （例）面をどんなに細く刻んでも、「極細の面」にな
> 　り、線にはならない。
> 　線をたくさんくっつけても、「線の束」になる。

① は次のようにも書ける。

点 ⟳ 線 ⟳ 面 …②

これは、頭の中のみに存在する「共存性の式」である。頭の中のみにおいても、「循環性 ⟳ 」が潜んでいる、というのは実に興味深い。
（万物に宿る「循環性」である）

自由自在な頭の中の視覚において、
「直線」と「曲線」は、同じ線類と見なされ、どちらも②のように、「点に還元（分離）」と「線に発展（融合）」をくり返せる ⟳ ようになった。

その結果、「直線」は、まず「点」になった後、今度は「曲線」になり、「曲線」に沿うことができるようになった。…③
逆に、「曲線」は、まず「点」になった後、今度は「直線」になり、「直線定規」で計測できるようになった。…④

③④のように、自由自在な、頭の中の視覚（見なし）に基づき、「円周（曲線）は直径（直線）の何倍か？」という、「円周率」という存在（考え方）が生まれたのだろうと、私は思う。

〔第2章〕

「自然（頭の外）」と「人工（頭の中）」を循環する円周率

―割り切れず、乱数や超越数になる理由―

現代の円周率は、超・複雑な式を、パソコンに計算させて導いているという。
つまりは「超・頭脳」（**頭の中**のみ）を、見ているのだ。

円周率が1桁進むということは、
「さらに細かく見られる顕微鏡」を開発しているようなものだ。
それでも「余り」が出るから、
結局、円周と直線定規（直径を1とした）は重ならず、
「すき間」が残っていることが分かる。
（円周率とは、直径を1とした時の円周の値である。）

---

§1 円周率の歴史から考える試み

ここからは、現代までの円周率の経緯を、
第1章の「共存性」を踏まえた、
私流の解釈（頭の外 と 頭の中の循環）で述べる。

（⤵ は「**循環**」を表す。）

最初は、自然の中の円類。
（**頭の外**の、月や葉の上の露など。一つとして同じものはない。）

⤵ 定義して、実質的な"同じ"（付表参照）がある、「人工物の円」へ。

こうしないと、**頭の中**で考えられない。

この人工物の円が、次に**頭の外**へ循環するのは、
古代人が「コンパス」を作って、地面に円を描いた時か
もしれない。
（円周率πの探求は、今から約4000年前に始まった。）

さらに**循環**させて、今度は**頭の中**で計算。
いまから2300年前、ギリシャの偉大な数学者アルキメ
デスにより、「π近似値計算法」（※1）が発明された。
これは円周（曲線）と正多角形の周（直線）との隙間を、
人間の目から見て、小さく小さくしていくことによって、
πの近似値を求める試みであった。

（※1）アルキメデスの「π近似値計算法」
　　　（例）正六角形の場合（円の直径は1とする。）

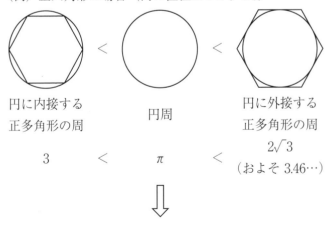

円に内接する　　　円周　　　円に外接する
正多角形の周　　　　　　　　正多角形の周

　　　　　　　　　　　　　　　$2\sqrt{3}$
　　3　　＜　　π　　＜　（およそ 3.46…）

正多角形の辺の数を増やしていって、

→円周と正多角形の周との隙間を、ずっとずっと小さく
　していって、

→πの真の値に、近似させようとした。

最終的に、正96角形まで計算し、

$$3\frac{10}{71} \quad < \quad \pi \quad < \quad 3\frac{10}{70}$$

（3.1408…）　　　　　　　　　　　　　　（3.1428…）

を突き止めた。

以降も、多くの数学者が、πの計算に取り組んできた。
16〜17世紀のドイツ・オランダの数学者である、ルド
ルフ・ファン・クーレンは、小数点以下35桁まで、計
算した。
日本では、和算家の関孝和が17世紀後半に、小数点以
下11桁まで計算した。

ここで再び、**頭の外**へ循環し、
例えば、タイヤの製造や宇宙開発など、
それぞれに十分な桁数の円周率が使われ、
「実用の範囲の円（人工物）」が出現した。

コンピューターが進化し、複雑な計算式（**頭の中**）で、
円周率を何兆桁も求めることが可能になった。

この時点で、人間の視覚的に言えば、

円周と直線定規（直径を1とした）は、

ほぼ差がないと見なすことができる。

（P. 13 〜 15「実質的な、同じ」参照）

しかし、割り切れない以上、「差がない」のではなく、

「差はあるが、目立たない（恐らく、最新の顕微鏡を用いても、人間には不可視）」状態。

ここで、**計算（頭の中）**をさらにやり続けて、**頭の中**で完結させたい…と数学者は考えた。

けれども、この場合もやはり、

計算をやればやるほど、**「共存性」（付表と第1章を参照）により、頭の外**へと、**自然に循環する**のである。（※2）

（※2）円周率は、**頭の中**で定義した人工物だから、

永遠に**頭の中**の物だと思うかもしれないが、

円とはもともと自然物で、**頭の外**の円類から**循環**

してきたものだ。（P. 44）

それが今度は、**頭の中**で計算してもしても割り切れず、
「直線（定規：直径が1）と曲線（円周）は、別個のもの」
──▶**頭の外**の、「一つとして同じがない」という事実に
　　　　　　　　　　　　　　　　辿り着く。

(P.37『現実（自然）㊙は、一つとして同じがない』参照)

これを、さらに詳しく述べると、

πは、直線（定規：直径が1）と曲線（円周）の
コラボ（合作）である。

$$\pi = 3.14 \underbrace{\cdots\cdots\cdots}_{\text{5兆ケタ}} 2 \boxed{\cdots} \longleftarrow$$ 直線定規では捉えきれない、
　　　　　　　　　　　　　　　　　　　　　つまり 曲線 を表す部分。

直径を1とした直線定規で捉えられる、つまり 直線 を
表す部分。

πがどんなに計算しても、直線と曲線のコラボの体裁を
保ち続けているのは、

「直線と曲線は、それぞれ別個のもの」で、
「直線（直径）では捉えきれないのが曲線（円周）」で
あり続けているから。

「共存性」により、

「一つとして"同じ"がない」頭の外の世界へ循環

していることを示している。

頭の外の世界は、「1つとして"同じ"がない」ので、直線（定規：直径が1）と曲線（円周）は、「永遠に別個のもの（重ならない）」。

だから、**円周率は割り切れず、計算で割り出すのは不可能。**…①

さらに今度は、

頭の中で、別個のものを分数表記はできないから、

$$\frac{円周}{直径}※は、「共通単位」がなくて通分できない。$$

※円周（分子）は直径（分母）のいくつ分か？（割り算：包含除という）

円周率は、循環小数（ある桁から先で、同じ数字の列が、無限に繰り返される。）になれない。（分数になる数は、必ず循環小数になる。）…②

①②より、**円周率は、「乱数（法則性がなく、予測が全く不可能な数列）」**になるより他ない。

乱数は、人間には先が読めないので…（P. 8 付表参照）、

ここですでに、**頭の外**の自然の領分に、**循環**してしまっている。

そのため、
もはや「人工物の方程式」のある世界のものではなくなってしまい、それゆえ解には成り得ず、**「超越数」になる**のだ。

ーーーーーーーーーーーーーーーーーーーーーーーー

ここから先は、「円周率からのメッセージ」と思えばよい。

曲線でできている自然（P. 9 付表補足を参照）を、
人間の頭脳（定規は直線）で完全に把握することは、不可能なのだ。
（たとえ始まりの動機が、自然を畏れる人間の宿願だったとしても、ここで思い出してほしい、P. 39 の「闇歩きガイド」の、中野 純さんの言葉を。**「大体でいいですよ。」**）

「円周率を求める」という、
何千年もの取り組みの末に辿り着いたこの結論を、われわれ人間が謙虚に受け入れる時期が、今、来ていると思う。

自然相手に、「計算上、大丈夫」などと言い切ってしまうことは、できないのではあるまいか？

自然が【主】で、人工は【客】である。

(P. 16 §3 主客転倒 参照)

古代人が、地球をお盆型に考えていたくらいはまだ可愛いが、これからも「頭でっかち」や「主客転倒」をし続ければ、人間は、その代償を払い続けることになるであろう。

また、このように延々と循環が繰り返される、ということは、次のようなことを、私たちに教えてくれているような気がする。

「物事に、行き止まりはないんじゃないか？」

「すべてが、いつも、"まだ途中"なんじゃないか？」

（なお、『如来蔵経』というお経には、「物質不滅の法則」というのがあるらしい。）

考察 【一元】と【多様】も、㊀と㊁を行き来（**循環**）する。

（P. 25, 26 参照）

（例1）目の前の現実・自然・時空間㊁は、

↕ いつでも1つ【一元】。

この事実は、目立たない。

一方、目立つのは、意識㊀でとらえられる、

個々の物【多様】。

（例2）「円周率」に関して

【一元】的	実質的（視覚的㊀）には、「**同じ**」を**存在させている。** ——無限に膨（ふく）らんだ正多角形（直線）は、実質的には円（曲線）と同じ。 （現代数学の、0.999…＝1 の場合もそう。）
【多様】的	一方、本質的㊁には、自然界㊁では、**一つとして「同じ」ものなど存在しない。** ——直線と曲線は、永遠に別個のもの。 （ギリシャ数学の、0.999…≠1 の場合もそう。）

地球も自転・公転しているし、宇宙の成り立ち（P. 27 参照）も循環している。本当に、何もかもが、循環している。〔P. 19 3つの、性質のフラクタル（3）〕

「円周率」も、例外ではなかった！

おわりに

本書をまとめるにあたり、参考のため算数・数学の本を読んでいたが、途中から、理解して読み進めるのが難しくなった。こんな私が、何故「円周率」をいじくっているのだろう?

円周率の問題は、人工性の強い直線と自然性を表す曲線の、シンプルなコラボ(合作)であるというのが私の持論である。

そこから導き出された事柄は、

(1)永遠に割り切れない。——→人工(直線)による自然(曲線)の完全掌握はできない。だから、自然は人間の思い通りにはならないし、自然は人間には作り出せない。

(2)乱数になる。——→自然(現実)を人工(頭の中)で推し量ろうとしても、人間には、先のことなどなってみるまで分からない。

(3)超越数になる。——→円周率は、最初に入ってきたのも頭の外からで、最後に辿り着いたのも頭の外だった。

（1）は、§3（P. 16）で述べた「主客転倒」だし、

（2）は、これまで生きてきた経験から分かっているはずだ。

（3）は、まさしくこれこそが、万物（ばんぶつ）に宿（やど）る「循環性」であろう。

私は、人類がこのまま、計算により「円周率」を求め続けても、別に構わないと思う。

だが、意識せずとも、「人工と自然のバランス」は整うもの（P. 30 動的平衡（どうてきへいこう）（2））。

目を向けるべきは、そんな頭でっかちの人間に対する、自然の反応・反発である。（P. 16 主客転倒）

人間の「手の平の大きさ」に、決して納まりきらない自然（円：曲線）。

それでも、人工（直線）によって求めずにはいられない。

「にんげんだもの」…。

Fin.

参考資料・文献

テレビ

『頭がしびれるテレビ―神は π に何を隠したのか』NHK、2011年5月4
　日初回放送

『いのちドラマチック』オープニング映像、NHK、2010年〜2011年

「片桐はいり × 中野 純」『SWITCH インタビュー 達人達』NHK、2022
　年8月29日（SP1）、9月5日（SP2）初回放送

「免疫学者 多田富雄 "寛容" へのメッセージ」『100年インタビュー』
　NHK、2010年7月15日初回放送

「"腸" 脳さえも支配する？」『ヒューマニエンス　40億年のたくらみ』
　NHK、2020年10月15日放送

「吉本隆明 語る　〜沈黙から芸術まで〜」ETV特集　NHK、2009年1
　月4日放送

宝塚歌劇

『カナリア』正塚晴彦 作、2001年上演

児童書

新井紀子・岡部恒治『数と形の事典』PHP研究所、2007年

一般書

佐藤勝彦『NHK「100分de名著」ブックス　アインシュタイン　相対性
　理論』NHK出版、2014年

養老孟司『かけがえのないもの』白日社、2004年

e-教室（編）、新井紀子（監修）『数学にときめく ふしぎな無限 ―イン
　ターネットから飛び出した数学課外授業』講談社ブルーバックス、

　2005年

石橋信夫『数学に舞台裏から楽しく再挑戦』ブイツーソリューション
　（星雲社）、2020年

松尾義之『日本語の科学が世界を変える』筑摩選書、2015年

相田みつを『にんげんだもの』文化出版局、1984年

Ｖ・Ｓ・ラマチャンドラン（著）、サンドラ・ブレイクスリー（著）、山下
　篤子（翻訳）『脳のなかの幽霊』角川書店、1999年

森 政弘『「非まじめ」思考法』講談社、1984年

Alfred S. Posamentier、Ingmar Lehmann著　松浦俊輔訳『不思議な数
　πの伝記』日経BP社、2005年

著者プロフィール

仲町 好文（なかまち こうぶん）

1970 年生まれ、埼玉県さいたま市出身。

頭の外へ飛び出す！〜随想〜数学じゃない円周率

2024年1月15日　初版第1刷発行

著　者　　仲町 好文
発行者　　瓜谷 綱延
発行所　　株式会社文芸社
　　　　　〒160-0022　東京都新宿区新宿1−10−1
　　　　　　　　　　　電話 03-5369-3060（代表）
　　　　　　　　　　　　　 03-5369-2299（販売）

印刷所　　図書印刷株式会社